MenschWerdung

Harald Rösner

Herstellung und Verlag:
BoD-Books on Demand, Norderstedt
ISBN 978-3-7347-4343-6

MenschWerdung

Reime und Gedichte

Harald Rösner

Inhalt

Die Frage

„Warum ist überhaupt etwas
und nicht vielmehr nichts? “

Wann immer man auf diese Frage stößt,
sich ein Kloß im Halse löst,
man schluckt und würgt vergebens,
der Brocken bleibt zeitlebens.

Ein Schauer läuft den Rücken runter,
Anflug von Angst mischt sich darunter,
bis man erkennt, noch immer blass,
„Gott sei Dank“, es ist ja was!
Wir leben doch im Hier und Jetzt
Und sind mit allem gut vernetzt.

Die Sonne lacht, es funkeln Sterne,
sieht man die Erde aus der Ferne,
erscheint sie wie ein blauer Ball,
der sanft und schwerelos im All
von unsichtbarer Hand geführt,
dahin schwebt und dabei rotiert.

So wie der Tag, die Nacht verrinnen,
sind sie es, die den Lauf bestimmen
des Kommens und des Gehens,
fast allen irdischen Geschehens.
Wir fühlen, riechen, hören, sehen,
denken nach, was grad geschehen.

Pflücken den Apfel wir vom Baum,
geschieht das wirklich, nicht im Traum.

Erkenntnis

Als der Mensch begann sich aufzurichten,
um Freund und Feind schon früh zu sichten,
ging ein Raunen durch die Großhirnkerne,
als sie entdeckten in der Ferne,
wie eine schwarze Wolkenfront,
aus dem Nichts am Horizont
auftauchte, sich grell blitzend teilte,
flugs wieder friedlich, still verweilte,
um dann mit Donnern und Getöse,
sich zu gebärden wie das Böse.

Alarm meldet der Mandelkern,
das hat der Cortex gar nicht gern.
Er sendet sofort Notsignale
und das zum wiederholten Male.

Die Muskeln fangen an zu zucken,
der Mensch beginnt sich abzuducken.
Kaum ist der Himmel wieder klar,
sinniert der Mensch, was das wohl war.

Der Eindruck ist noch nicht verronnen,
stattdessen ist er eingesponnen

ins Netz unzähliger Neuronen,
die bereit und ohne sich zu schonen,
wissbegierig und sensibel,
durch Neuauflage der Genfibel,
Erlebtes aufsaugen wie ein Schwamm,
abgleichen und speichern als Engramm.

So kam es, dass ein Abbild der Welt
einprogrammiert wurde Feld für Feld,
verschlüsselt und codiert verpackt
durch Modulation von Synapsenkontakt,
reaktiviert und wieder bewusst
begleitet von Freude, Angst oder Frust
hat dies zum Denken animiert
über das, was in der Welt passiert.

Als es gelang, das gedankliche Hüpfen
mit der Sprechmotorik zu verknüpfen,
begann der Mensch geistig zu kommunizieren
und erhob sich endgültig von allen Vieren.

Sein Tatendrang ließ ihn nun nicht mehr ruhen,
außer Fortpflanzung gab es auch anderes zu tun.

Sein Geist
stellte schließlich die entscheidende Frage,
woher weiß ich, was ich lautstark sage,
woher kommen wir, wo gehen wir hin,
was hat das alles für einen Sinn?

Seit Menschen denken wollen sie Klarheit
über das Leben, den Kosmos, kurz die Wahrheit.

Vieles von der Alltäglichkeit
scheint logisch, verlässlich und insoweit
für ein Leben ausreichend einsichtig und schön,
doch sobald wir einen Schritt weiter gehn
in Tiefen, wo unsere Sinne versagen,
nehmen wir´s hin, ohne zu fragen.

Statt zu wissen wie Handy, Licht, Netz
funktionieren,
begnügen wir uns mit dem Ausprobieren.

Doch wollen wir mehr über den Kosmos wissen,
hilft nur eines, die Flagge der Wissenschaft hissen.
Beobachten, Hypothesen formulieren,
messen, überprüfen und korrigieren.

Dabei ist manches der Philosophie zu verdanken,
die uns bereichert mit neuen Gedanken.

Wir sollten aber nicht vermessen sein,
vielleicht ist unser Gehirn doch zu klein,
um trotz Kosmologie und grandioser Ideen,
das Seiende im Kern zu verstehen.

Vielleicht halten wir auch mal inne,
und öffnen stattdessen unsere Sinne,
um die Schönheiten der Welt aufzuspüren,
sie mit dem Fächer der Gefühle zu berühren,
unser Leben zu verstehen ohne Unterton
dankbar als Geschenk der Evolution.

Einstein

1905 verknüpfte Einstein Raum und Zeit,
fand die Konstanz der Lichtgeschwindigkeit,
welche ins Quadrat geführt,
mit der Masse multipliziert,
verrät, wie viel Energie diese wert,
entsprechend gilt´s auch umgekehrt.

Als Folge der Raum-Zeit-Relation
erkannte er auch die Zeitdilatation
wonach in Bewegung Uhren langsamer gehen,
und wir Längen kürzer sehen.

Kaum Zeit hatte die Fachwelt dies zu verkraften,
trat Einstein vor die Akademie der Wissenschaften
und verkündete mit genialer Phantasie
die Allgemeine Relativitätstheorie.
Nicht vorstellbar, da vierdimensional
aber mathematisch logisch und rational
erklärte er den staunenden Hörern unumwunden,
dass die Raumzeit mit der Masse verbunden.

Danach sei die Gravitation keine eigene Kraft
sondern vielmehr eine Eigenschaft
einer bestimmten Raum-Zeit-Geometrie,
nur die Mathematik weiß letztlich wie,
wonach große Massen verzögern die Zeit
deformieren den Raum, d.h. machen ihn weit,
was Lichtstrahlen zwingt in der Nähe der Massen
ihre gewohnte Geradlinigkeit zu verlassen,
sich auf Bahnen zu bewegen, krumm wie Gräten,
die Physiker nennen sie Geodäten.

Alles richtig, ward schon 1919 erkannt
durch Nachweis der Lichtablenkung
am Sonnenrand.

Bis heute bestätigen Messungen ohne Trick
die Relativitätstheorien als Fundament der Physik.
Ohne sie könnten wir nicht verstehen,
warum die Sonne scheint, wie Atomuhren gehen,
wie Planeten sich bewegen,
Navigation möglich wird,
was Fliehkraft bedeutet und zur Anwendung führt.
Mehr noch, mit ihrer Hilfe können wir lernen
von Schwarzen Löchern und Neutronensternen,
Botschaften zu lesen im expandierenden All,
und Rückschlüsse zu ziehen bis hin zum Urknall.

Evolution des Menschen

Als unsere Ahnen noch Menschenaffen waren
vor etwa 10 Millionen Jahren,
war es in Eurasien richtig kalt,
und Nahrungsmangel schürte die Gewalt.
Als Ausweg schien nur der Weg nach Süden,
auf in die Sonne, fort aus dem trüben
dunklen, kalten Norden
zogen sie in großen Horden
in das Land ,das ursprünglich das ihre war,
und kehrten zurück nach Afrika.

Hier gab es Blüten und Früchte im Überfluss
ein Paradies für Dryopithecus.

Zwei Millionen Jahre sollten vergehen,
immer neue Varianten konnten entstehen.
Manche hielt es nicht länger auf den Bäumen,
sie hatten dort nichts mehr zu versäumen.

Wenn möglich, hangelten sie sich herab,
bewegten sich im halbaufrechten Trapp
zu den Ufern von Seen, um im seichten Gestade
sich zu entspannen beim erholsamen Bade.
Im Auftrieb des Wassers, ganz ohne Zwang
erwarben sie vielleicht den aufrechten Gang.
.
Sahelanthropus zog fort in die Sahara,
Orronin blieb in Ostafrika.

Danach verlor sich ihre Spur,
doch für eine Weile nur
von knapp einer Million Jahren,
bis endlich einer der Nachfahren,
ein gewisser Ardipithecus,
mit Nachnamen ramidus,
in Aramis gesichtet,
unser Wurzelgeflecht weiter verdichtet.
Sein Oberschenkelhals war lang,
ein weiteres Indiz für aufrechten Gang.

Es folgte eine weitere Million an Jahren,
in der die Gene, lauftechnisch erfahren,
es möglich machten, mit erhobenen Köpfen
und Weitsicht neue Ressourcen zu schöpfen.

Sie sammelten alles wie fleißige Bienen
und nannten sich Australopithecinen.
Ihr Superstar ward als Lucy bekannt,
heute ist strittig, wie nah sie mit uns verwandt,
ihr Becken zumindest war wunderschön
und sie konnte wie wir schon aufrecht gehen.

Dafür sprechen auch Fußabdrücke
in der Asche von Laetoli, sowie Fundstücke,
die anatomisch vermessen den Schluss erlauben
-freilich muss man Anthropologen
 nicht alles glauben –,
dass die Füße in der Nachfolgezeit
sich kaum verändert haben bis heut.

Das gleiche gilt für unsere Hände
technisch waren sie schon fast am Ende
ihrer Entwicklung zur Perfektion,
wir erbten, sozusagen, wie Lucies Sohn,
die Fähigkeit zu manipulieren,
um dies und jenes auszuprobieren.

Im Schädel hatte das Gehirn
noch viel Platz unter der Stirn,
großartig entwickelt wie bei Sokrates später
oder Platon seinem Stellvertreter,
war es damals jedoch noch nicht,
wohl auch nicht nötig aus heutiger Sicht.

Darum verwundert nicht, dass aus dieser Periode
kein Werkzeug, geschweige denn eine Episode
versteinert oder schriftlich bekannt.
Die Gene waren bisher eingespannt
in Adaptionen körperlicher Art,
denn erst allmählich wurde es
schicklich und smart,
mit Artefakten zu kokettieren,
und Potenz und Power zu signalisieren.

Evolution ja nu0r so funktioniert,
dass immer mal wieder ein Gen mutiert,
das, wenn es Fortpflanzungsvorteile bringt,
der Population zumindest bedingt
Nachkommen beschert mit mehr Kindern,
die die Gefahr des Aussterbens mindern.

Zeugen also fürsorgliche Werkzeugmacher
mehr Kinder als egoistische Widersacher,
zeigt das, dass Empathie, Intellekt,
auch Schmeichelei
-angeboren oder erworben ist einerlei-
durch die natürliche Selektion
mit Blick auf Darwin – man ahnt es schon –
solche Varianten protegiert
die intelligent, praktisch und sozial engagiert.

Tonangebend und mit dem nötigen Biss
hieß eine dieser Varianten Homo habilis.

Kaum war die Namensänderung bekannt,
erfasste Aufbruchstimmung das Land,
und in weniger als 500 000 Jahren
gab es immer neue Menschenscharen.

Homo rudolfensis und ergaster
erfanden zwar manch neues Laster,
aber effektiver als ihre Ahnen
begannen sie zu analysieren, zu planen,
neue Ernährungsstrategien auszuprobieren
und diese, falls gut, fortan zu tradieren.
Das zahlte sich aus, v. a. für das Gehirn,
es wurde immer größer unter der Stirn.
Ein Glück muss man mit Blick auf Darwin
wohl sagen,
kaum auszudenken, hätten seine
afrikanischen Ahnen
auf Zuwachs des Gehirns verzichtet,
was hätte er dann von seiner Reise berichtet?

Das Klima in Afrika wurde trocken und heiß,
selbst auf den Gipfeln verschwand das Eis,
die Vegetation zog sich zurück,
aus Savanne wurde Steppe Stück für Stück,
für viele Tiere gab es kein Halten mehr,
sie zogen in Richtung Rotes Meer,
Menschen folgten erhobenen Hauptes gen Osten
erreichten China und Java auf eigene Kosten.

Das war vor gut einer Million Jahren
als diese Hominini erecti in Scharen
ihre Gene in Asien verstreuten
und auch Abstecher nach Europa nicht scheuten.

Manche Erectinen aber blieben
beharrlich und stur,
und schufen eine afrikanische Infrastruktur.

So kam es, dass ihr Genom in Afrika blieb.
Sie pflegten weiter was ihnen teuer und lieb,
durchmischten sich fleißig landauf – landab,
und hielten so die Evolution auf Trapp.

Sie isolierten sich auch mal probeweise
um zu testen, ob auf diese Weise
durch Genfluss besondere Typen entstehen,
welche bleiben – falls gut, doch – falls schlecht,
wieder gehen.

Vielleicht konnten auch wir davon profitieren,
aber darüber lässt sich nur spekulieren.

Eine Vermutung jedoch kann man wagen,
die menschliche Stimme , auch ihr Versagen,
die Botschaften sendet, Gefühle ausdrückt,
Mitmenschen verängstigt oder beglückt,
muss damals entstanden sein,
natürlich noch nicht so perfekt und fein
wenn wohl erklingt in unserem Ohr,
Altus, Sopran, Bass und Tenor.

Noch 500 000 Jahre sollten vergehen
bis Menschen auch in Heidelberg gesehen.
In ganz Europa waren sie verbreitet
und haben Neandertalern den Weg bereitet.

Diese kamen erst viel später ins Neandertal,
verzettelten sich das eine ums andere mal,
haben Kunst und Kultur schon mal versucht,
das Moustèrien für sich verbucht.
Doch letztlich fehlte ihnen der Kick,
wahrscheinlich ein zentralnervöser Klick,
um besser zu nutzen eine große Nervenzellbrache
etwa zur Perfektionierung der Sprache.

Diese Fähigkeit haben nach heutigem Ermessen
gewisse späte Heidelberger besessen,
die erst vor etwa 100 000 Jahren
in kleinen organisierten Scharen
Afrika über den Nahen Osten verließen,
und das Tor zur Welt nochmals aufstießen.
Sie erkundeten alles, Wald, Steppen und Strand,
von Europa bis Australien, Asien und Feuerland.

Sie verdrängten alle Menschen
aus früheren Zeiten,
da halfen auch keine Eitelkeiten.
Selbst die Neandertaler mussten erfahren,
dass sie der Konkurrenz unterlegen waren.

Der anatomisch moderne Mensch
war angekommen
und hatte das Zepter übernommen.

Möglich durch einem vergrößerten Rachen,
Feinmotorik der Muskeln, auch zum Lachen,
wurde die Syntax-Sprache
als evolutionäre Innovation
zum entscheidenden Medium
sozialer Kommunikation.

Sinnvolle Sätze im Zusammenhang
resultieren ausschließlich und ohne Zwang
aus Prozessen, die auch „Stilles Sprechen“ lenken,
Neurobiologen nennen das „Denken“
Wenn Gedanken im Gespräch kommunizieren,
und Hirngespinste sich synchronisieren,
erweitern gemeinsame Intonationen
soziale und kulturelle Dimensionen,

Analyse und Planung, Scham, Mitgefühl, Schuld,
konzertierte Aktionen, Visionen, Geduld.

Eine verlängerte Kindheit - als weitere Innovation -
forcierte durch Lehren und Lernen die Tradition
von Riten, Kunst, Technik, Ideen genialer Erfinder,
kooperative Familienstrukturen
und damit mehr Kinder.
Alles dies wurde rasch positiv bedacht
von der Selektion, die nach wie vor gab Acht,
dass Gene sich manifestieren,
die Überleben und Wachstum garantieren.

35 000 Jahre vor unserer Zeit war der
„anatomisch moderne Mensch“ soweit,
genetisch gerüstet und Kultur beflissen,
die Flagge einer neuen Epoche zu hissen,
„kreativ und fruchtbar“ stand dort zu lesen,
das sind wir, die
modernen menschlichen Wesen.

Mit dieser neuen Dimension
war der Startschuss gegeben zu einer „Explosion“:

Dichtung, Kunst und Religionen,
Staatsgebilde, Pharaonen,
Kalter Krieg und Blinde Kuh,
Sterbender Schwan, vielleicht Bird Flu ?,
Staatsbankett, Brot für die Welt,
Altenheime, Kindergeld,
Caesar, Lenin, Bruderkuss
Styropor und Klettverschluss
Tschernobyl und Weißer Riese,
Kaviar, Weltwirtschaftskrise.
Sklavenhandel, Mondlandung,
Menschenrecht, Mao Tse Tung
Raucherbein, Computerviren,
Ei und Samen tief gefrieren,
Rotes Kreuz und Schindlers Liste
Opernball und Puppenkiste
Vatikan , Kopernikus
Weihnachtsbaum und Zaubernuss,

Doktor Faustus, Spätburgunder,
Dampfmaschine, Sieben Wunder.
Kunst am Bau und Blaue Reiter,
Protektion als Wegbereiter,
Mozart, Brahms, Bach und Händel,
Bundesverdienstkreuze am Bändel.
Steinigung und Nobelpreis
Kindersoldaten und Genmais,
Mandela und Napoleon,
Schillers Räuber und I-Phone,
Rom, Sizilien, Mafia,
Ehrenmord, Hiroshima,
Flat-Rate, Face-Book, Klimawandel.
Naturkatastrophen, Ablasshandel
Terror , Krieg und Völkermord,
egal ob die UNO auch vor Ort.
Aids, Hunger, Gewalt ein weltweites Drama,
gibt es ein wenig Hoffnung mit Barack Obama?

Kreationisten, Pietisten, Zionisten und Buddhisten
Hinduisten, Islamisten, Kommunisten, Terroristen,
Konformisten, Lobbyisten und Faschisten ...
Ein jeder wird geprägt

zu einem der vielen Spezialisten.

Vor 10 Tausend Jahren begann der Run,
seitdem schwillt die Menschheit pilzartig an
zu einem riesigen kosmischen Brot,
von dem jeder kostet zwischen Geburt und Tod
ein winziges vierdimensionales Stück.
Das ist alles, unsere Liebe unser Leid,
unser Glück.

Ging Darwin heut noch mal auf Reisen,
er könnte jetzt vielleicht beweisen,
dass Genmutationen und Neuregulation
verworfen oder manifestiert durch Selektion
das Leben auf dem Globus formen,
und seit Urzeiten diese modulierenden Normen
immer neue Varianten geschaffen
und auch uns Menschen
aus dem Genpool der Affen
als Gattung Homo entstehen ließen,
obwohl manchen diese Fakten
noch immer verdrießen.

„Licht wird auch auf unseren Ursprung fallen“
deutete Darwin zunächst vorsichtig an,
mit der „Abstammung des Menschen“
brach dann der Damm.

Die Botschaft
schwoll an zu einem unaufhaltsamen Strom:
„ auch wir sind entstanden durch Evolution! “

Allerdings wissen wir das nur,
weil unser Nervensystem
auf noch rätselhafte Weise,
das ist unser Problem,
die Welt so phantastisch reflektiert,
uns womöglich auch mal irritiert,

Zwar hat unser Gehirn die Kultur entfacht,
und uns damit erst zu Menschen gemacht,
doch wird es ihm jemals auch gelingen,
über den eigenen Schatten zu springen,
um unbefangen und objektiv zu analysieren,
wie Bewusstsein, Denken und Geist
funktionieren?
Ist es grundsätzlich nicht möglich
diese Fesseln zu sprengen,
werden wir uns vergeblich bemühen,
unser „Ich" zu erkennen.

Dank Darwin scheint jedoch gewiss:

Auch der „geistige Sprengstoff“
für die „kulturelle Explosion“
ist ein Produkt unseres Gehirns,
also Evolution.

Nachhall

Wenn abends schleicht heran ganz sacht
aus der Tiefe des Alls die dunkle Nacht,
und Kinder schauen in die Ferne,
ihre Augen glänzen im Licht der Sterne.
Dann möchte manches Kind gern sagen:
Liebe Sterne, darf ich euch was fragen?
Wo seid ihr eigentlich am Tag?
Kann es sein, dass die Sonne euch nicht mag?
Habt ihr euch versteckt hinter der blauen Wand,
oder seid ihr am Tag in einem anderen Land?
Egal, jeden Abend ist es schön,
dass wir uns immer wieder sehen.
Wenn dann der Mond auch noch erscheint,
streichelt jede Träne, die geweint,
die roten Wangen kühl und sacht
und wünscht eine gute Nacht.

Vom Ei zur Idee

Die faszinierende Entwicklung unseres Gehirns

Die **Eizelle**, wie eine Nadelspitze klein,
erwartungsvoll, doch noch allein,
winzige **Spermien**, zig Millionen,
angelockt von Pheromonen,
schwingen die Geißeln hoffnungsvoll,
schwimmen gegen den Strom ganz liebestoll.
Weiter so, es fehlt nicht viel,
das erste ist jetzt kurz vorm Ziel.
Es berührt das Ei ganz nah,
und schon sind sie ein Liebespaar.

Die Eihülle gereizt, wird sogleich fest
und schirmt ab das Liebesnest.

Noch viele Spermien rennen an,
doch prallen ab an der Membran.

Im Ei die Vorkerne sich finden,
um die **Befruchtung** zu verkünden:
Erfasst von einem molekularen Beben
verschmelzen sie zu einem Bund fürs Leben.

Die Chromosomen nun entkoppelt,
ihre DNA bereits verdoppelt,
beginnen als Zweierpacks zu kondensieren
und sich in einer Ebene zu positionieren.

Die Paare trennen sich synchron,
denn jeder Partner weiß dann schon,
dass er an der Spindelfaser wandern soll
zu dem ihm am nächsten gelegenen Pol.

Alles entfernt sich wie im Spiegelbild
bis der Wandertrieb gestillt.

Die Zelle schnürt sich dann noch ein,
teilt sich und ist nicht mehr allein.

Der Keimling besteht nun aus **zwei** Zellen,
die nur in äußerst selt`nen Fällen
fortan getrennte Wege gehen,
wodurch dann Zwillinge entstehen.

Nach der zweiten Teilung sind es **vier**,
wie gleiche Anschläge auf dem Klavier.

er nächste Takt besteht aus **acht**,
jetzt ist das Wunder erst vollbracht:
Eine unverwechselbare Melodie,
komponiert zuvor noch nie,
unteilbar, einzigartig, ja kurzum
ein **neues Individuum**.

Es wächst durch Zellteilung als dann
zu einem **Maulbeerkeim** heran,
der kompakt gut vorbereitet
wird durch Cilienschlag geleitet
eingeschwemmt in den Eileiter
- die Teilungen geh ´n munter weiter -,
um unterwegs, als wenn er `s wüsste
heranzureifen zur **Blastozyste**.

Hat sich die Zellschar bisher stets verdoppelt,
wird der Rhythmus nun entkoppelt.
Innen sammeln sich **Stammzellen** des Embryos,
während die äußeren erwartet ein anderes Los.

Sie werden den Uterus kontaktieren
und ohne viel Zeit noch zu verlieren,
den Embryo in den Mutterschoß betten,
um ihn vor dem Hungertode zu retten.
Jetzt ist der kritische Anfang geschafft,
auch die **Hormone** haben es längst gerafft,
dass sie nun weiter gefordert sind
zum Wohle der Mutter wie für das Kind.

Als nächstes wächst das **Versorgungssystem**,
was für den Embryo durchaus bequem.
Gut bemuttert kann er nun Gene aktivieren
und seine Weiterentwicklung initiieren.

Durch lebhafte Teilungen in der hinteren Region
und Verlagerung dieser Zellen weiter nach vorn
differenziert der Keimling zu einer Scheibe,
doch die ist für die Zellen keine ständige Bleibe.
Viele lösen sich, um nach unten zu migrieren,
und sich dort als Entoderm zu organisieren.

Ober- und Unterschicht sind nun isoliert,
als Ekto- und Entoderm wohl installiert.

Zur Vorbereitung der nächsten Schritte
entsteht eine Vertiefung in der Keimscheibenmitte.
Sie erstreckt sich von hinten nach vorn
als zentraler Kanal,
jetzt ist der Embryo bilateral.

Die Symmetrie hat allerdings nicht lange Bestand.
Nachdem Zellen nur linksseitig Signale erkannt,
aktivieren sie eine Genkaskade,
die darauf besteht,
dass unser Herz wird später mal links angelegt.

Die Rinne wird tiefer durch Zustrom vom Rand,
an der Basis lösen sich Zellen aus dem Verband
und wandern alsdann nach rechts oder links,
wie sie sich entscheiden, weiß nur die Sphinx.
Sie beginnen, alle Freiräume zu infiltrieren
und sich mesodermal zu differenzieren.

Der Keimling ist nun dreifach geschichtet,
und mit Koordinaten im Raum ausgerichtet.
Ento-, Meso- und Ektoderm sind isoliert,
oben, unten, hinten, vorn, rechts und links fixiert.

Am vorderen Ende der **Primitivrinne**
hat ein Areal was ganz anderes im Sinne.
Es gehört zum Zentrum der Organisation,
das seit Urzeiten schon in der Evolution
Zellen befiehlt „ quo vadis “,
damit diese formen die **Chorda dorsalis**.

Unter dem Ektoderm wächst sie
schnurstracks nach vorn
als ein zentraler dünner Sporn.

Nachdem die Chorda mit dem Urdarmdach
kurz fusioniert,
sich wieder löst und das Ektoderm kontaktiert,
bewirkt sie dort eine **Induktion**.
Die betroffenen Zellen warteten schon,
werden daraufhin aktiv und mobil
und formen direkt über der Chorda
ein neues Profil.
Eine Vertiefung entsteht,
die als **Neuralrinne** perfekt
sich zentral von hinten bis vorne erstreckt.

In der Folge wird aus der Rinne ein Rohr,
dieses hat etwas ganz besonderes vor:

Der größte Teil wird später zum Rückenmark,
Umschaltstation und partiell autark.
Vorne, wo einmal Nacken und Stirn,
entsteht aus dem **Neuralrohr** das Gehirn.

Während das Neuralrohr sich schließt,
wird es von Zellen flankiert,
die sich ebenfalls aus dem Ektoderm abgeschnürt.
Es sind die mobilen **Neuralleistenzellen**,
die für vielerlei Zelltypen dienen als Quellen:
Für das sympathische Nervensystem,
Spinalganglien, Nebennierenmark und außerdem
für Melanozyten mit schwarzem Pigment,
welches vor UV schützt, wenn die Sonne brennt.

Parallel zum Prozess der Neurulation,
der beendet am achten Tage schon,
haben sich Mesodermzellen beidseitig positioniert
und zu kompakten Verbänden organisiert.

Somitenpaare entstehen nacheinander,
gleich groß,
sie definieren die **segmentale Struktur**
des Embryos.

Dieses erfolgt mit einem Programm,
das seit Urzeiten schon
durch Selektion optimiert wurde in der Evolution.
Es steuert die Entwicklung und funktioniert
- nota bene –
unter Supervision einer „Handvoll“
Homeoboxgene.
Sie legen die Körpergliederung endgültig fest
im Verein mit Rückenmark und Mesenchymrest.

Etwas später entstehen Wirbelkörper
aus je vier halben Somiten,
die dann Motoneuronen die Möglichkeit bieten,
Segment für Segment auszuwachsen
mit ihren Axonen,
sich mit sensorischen Neuronen spinal zu klonen,
welche ihrerseits Eingang ins Rückenmark finden,
um sich in die Verschaltung einzubinden.

Auf diese Weise wird zentral programmiert
dass Haut und Muskulatur werden
segmental innerviert.

Auch das Vegetativum, das die inneren
Organe verwaltet,
wird später dann zentral verschaltet.
Dies gilt auch für das Darmnervensystem,
was manchmal durchaus unbequem.

Doch halt,
ist es nicht ein Wunder, dass jedes Mal,
Neuronen, motorisch oder sensorisch, egal
ihre richtigen Ziele sicher finden,
um sich funktionell einzubinden?

Wie wird die Erstverschaltung genetisch kontrolliert
und durch Gebrauch noch mal fein justiert ,
um Reize zu registrieren, Reaktionen zu lenken,
Stoffwechsel, Wachstum, Bewegung, Verhalten,
Emotionen und Denken?

Bis dahin braucht es allerdings noch Zeit,
das embryonale Gehirn ist noch lang nicht soweit.

Betrachten wir die **vierte Woche**,
und verfolgen die nächste Epoche.

Ganz vorn, wo das Neuralrohr etwas verbreitert,
wird es nun zu einem
paarigen „Bläschen“ erweitert.
Zellulär zwar noch undifferenziert ist es bald schon
unterteilt in **Pro- Meso- und Rhombencephalon**.

Nur noch eine Woche wird vergehen,
bis das embryonale Nervensystem
ist von vorn bis hinten strukturiert ,
d.h. abschnittsweise definiert
in fünf Hirnregionen plus Rückenmark,
welches später in vielen Funktionen autark.

Als Eingang für die Nerven der späteren Nase
dient die zum Großhirn werdende Vorderhirnblase.
Vom Zwischenhirn stülpen sich
die Augenblasen aus,
kaudal bildet sich der Hypothalamus aus.
Vom Mittelhirn werden die
Augenstellmuskeln innerviert,
das Rhombencephalon zum

Klein- und Stammhirn differenziert.

Zellulär allerdings hat sich noch nicht viel getan,
doch ab sofort steht auf dem Plan:
Stammzellen, ihr müsst euch differenzieren,
jetzt gilt es, keine Zeit mehr zu verlieren,
bildet Neuronenvorläufer verschiedenster Arten,
damit diese - ohne noch länger zu warten -
sich vermehren können Klon für Klon
gemäß der genetisch fixierten Passion.

Signale beginnen die Zellzyklen zu aktivieren,
damit die Zellen ab sofort
periventrikulär profilieren.

Um die DNA zu verdoppeln,
muss der Zellkern kurz mal außen ankoppeln,
zur Zellteilung kehrt er an die Basis zurück,
so wiederholt sich dann alles Stück für Stück.

Nach mehreren Zyklen
werden wieder Gene intervenieren,
umschalten und in weitere
Differenzierung investieren.

Die Teilungsebene schwenkt um 90 Grad
mit dramatischen Folgen, denn in der Tat
werden dadurch erste Neuronen geboren,
die nunmehr ihre Teilungsfähigkeit haben verloren.
Ab jetzt entstehen immer mehr **junge Neuronen**,
bis zu 10.000 pro Minute in vielen Regionen.

Gleichzeitig differenzieren sich an den nämlichen Stellen
verschiedene Typen von **Gliazellen**.
Sie werden die zarten Anlagen strukturieren,
d. h. mit „Säulen" stabilisieren.

So entsteht in der sich ausdehnenden Wand
eine „Skelett - Struktur", radiär aufgespannt.
Es sind Wanderstrassen für die **Neuronen**,
welche, periventrikulär gerade geboren,
beginnen, um keine Zeit mehr zu verlieren,
unverzüglich in die Peripherie zu **migrieren**,
was genetisch programmiert
zur Anlage von Nervenzellschichten führt.

Im Neocortex entsteht eine erste peripher,
die gab´s schon bei Reptilien, das ist lange her.
Zur Bildung weiterer werden
noch viele Zellen wandern
und durch die bereits etablierten Zonen mäandern.

So entsteht eine
6-schichtige Neocortex-Struktur,
die später, aber bei uns Menschen nur,
im Stirnlappen zu einen System ausreift,
das einzigartig ist und nunmehr (vielleicht) begreift,
wie das Leben, die Evolution funktioniert,
das uns manchmal aber auch sehr irritiert.

Ähnlich wie in den Neocortex-Arealen
besiedeln junge Neuronen in riesigen Zahlen
auch alle übrigen Hirnregionen,
und bilden weitere Nervenzellzonen.

Diese reifen später zu differenzierten Kernen,
welche durch Verknüpfung „lernen",
Signale von innen und außen zu analysieren,
zu orten, zu bewerten, zu interpretieren,
damit wir, wenn bedrohliche Kräfte walten,

uns schützen und vorausschauend klug verhalten.
Haben die Neuronen ihre Wanderung beendet,
ihr Genom wieder neue Befehle aussendet.

Jede Zelle steigert jetzt die Materialproduktion,
bildet Zellausläufer, von denen einer, das **Axon**
von einem **Wachstumskegel** geführt,
intensiver wächst und dann privilegiert,
Signale in der Umgebung erkennt
und dadurch seine **Zielfindung** lenkt.

Dies erfolgt durch raffinierte Manipulation
des Zytoskeletts im vorderen Axon,
indem attraktive Signale das Wachstum aktivieren,
repulsive es jedoch durch Retraktion inhibieren.

Steuern Axone dasselbe Ziel an,
gesellen sie sich gerne und wachsen fortan
gebündelt, im Vertrauen auf einen Pionier,
der vorauseilt und festlegt: jetzt folget mir.

Am Ziel allerdings kommt es darauf an,
dass jedes Axon für sich, so gut es kann,
Zellen findet, die ihm signalisieren,
mit mir kannst du erste Kontakte probieren.

Um vielen Neuronen eine Chance zu bieten,
formen die Zielzellen verzweigte **Dendriten**,

Zielkontakt ist für das suchende Axon essentiell,
denn nur so erhält es vom Partner schnell
Botschaften, die die Gene jetzt brauchen,
um nicht in die Apoptose abzutauchen,
aus der die Neuronen keinen Ausweg finden
und nach ihrem Tode klanglos verschwinden.

Nur solche, die zielgenau Partner gefunden,
werden selektiert und fortan eingebunden
in ein System, das nach vorläufiger Paarung
noch funktionell reift
durch Gebrauch und Erfahrung.

Bis zur Geburt sterben 60%
der Neuronen wieder ab,
doch keine Angst, sie werden nicht knapp.
Ein riesiger Überschuss wird überleben
und uns bis ans Lebensende die Chance geben,
Verknüpfungen neu zu bilden, zu intensivieren,
um zu lernen und plastisch zu reagieren.

Zurück zur Entwicklung, die nicht pausiert,
sondern Milliarden weitere Kontakte etabliert,
bis jedes Neuron über viele dendritische Stellen
verknüpft ist mit bis zu 10.000 anderen Zellen.

Sind die Kerngebiete vorläufig vernetzt,
ist die Grundlage geschaffen, dass ab jetzt
Aktionspotentiale die Endköpfchen animieren,
Transmittersubstanzen zu generieren,
welche auf der Gegenseite lokal
verändern das **Membranpotentia**l,
was, bis zum Axonhügel
räumlich-zeitlich summiert,
zu einer neuen **Aktionspotential**frequenz führt,
wodurch frisch codiert die Information
geleitet wird von Axon zu Axon.

Werden die Kontaktstellen wiederholt aktiviert,
dies zur Reifung zu **Synapsen** führt,
welche über lange Zeit sensibel und stabil,
bei Nichtgebrauch werden wieder labil.

Erst wenn viele Synapsen sind stabilisiert,
dies zu einer dauerhaften Bahnung führt.

Für Änderungen ist es allerdings nie zu spät,
dafür garantiert eine
lebenslange synaptische Plastizität.

Doch zurück zum Embryo, denn an dieser Stelle
passiert das Nervensystem eine weitere Schwelle.

Kaum hatten die Neuronen ihre Ziele kontaktiert,
wurde auch ihre **Myelinisierung** initiiert.

Dabei werden die Axone, bisher noch nackt,
von Gliazellen in Membranstapel verpackt,
d.h. sie sind dann isoliert,
was weitere Verzweigungen inhibiert.

So entstehen Nervenbahnen,
über lange Strecken stabil,
in ihren Zielgebieten aber plastisch labil.

Da die Myelinhüllen
von separaten Gliazellen organisiert,
dies zu regelmäßigen Unterbrechungen führt.
An diesen „Schnürringen“,
einst benannt nach **RANVIER**,
ist die Isolierung nahezu passé.
So entsteht nur hier ein Aktionpotential,
das von Ring zu Ring „springt“, ganz ideal.

Die Impulse auf diese Weise
„**saltatorisch** „ zu leiten,
hilft, sie **10 mal schneller**
und sicher zu verbreiten.
Nur deshalb können wir
Reize sehr rasch registrieren,
um unverzüglich auf sie zu reagieren.

Acht Wochen sind nun erst vorbei,
nachdem befruchtet wurde das winzige Ei.

Zwei Zentimeter misst der Embryo jetzt,
und im Gehirn ist schon sehr viel vernetzt.

Die Cranialnerven wachsen angeregt,

Ohr-, Augen- und Riechnerven sind angelegt,

Erste Spinalnerven funktionieren schon
und vermitteln auf Berührung eine Reaktion.

Ab **Woche elf** wächst das Vorderhirn rasant
und bleibt von jetzt an absolut dominant.

Mit **15 Wochen** werden Tastreize lokalisiert,
was zu einem Lagegefühl im Raume führt.

Anschließend reifen die Geschmackssinneszellen,
die Geruchswahrnehmung wird sich dazu gesellen,
die Nasen-Rachen-Barriere verschwindet,
sodass der Fötus jetzt zunehmend empfindet
seine flüssige Umwelt, die ihn nicht nur trägt,
sondern durch „Geruchsmoleküle“ langfristig prägt.

Zuckungen als Reaktion auf einen Knall
zeigen, dass mit **25 Wochen** auf jeden Fall
starker Lärm, der als bedrohlich empfunden,
schon in die Reflexmotorik ist eingebunden.

Ab **Woche 30** wird das Gehör partiell abgestimmt
und auf die Frequenzen der Sprache getrimmt.

Da die Mutter sich ja nie vom Fötus entfernt,
hat dieser mit **35 Wochen** ihre Stimme erlernt.

Tast- und Temperatursinn, Motorik und Ton
sind bei der **Geburt** nahezu voll in Funktion.
Dies gilt auch
fürs Geruchs- und Geschmacksempfinden,
wichtig, um das Kind an die Mutter zu binden.

Die optische Wahrnehmung hinkt hinterher,
Hell und Dunkel wird unterschieden, aber sonst
nicht viel mehr,
denn die Netzhaut ist noch nicht voll differenziert,
obwohl die Sehbahnen schon gut etabliert.

Das Sehen gewinnt nun aber stark an Gewicht,
und als erstes erkennt das Kind
der Mutter Gesicht.
Danach wird das Gesicht
mit der Stimme verbunden,
und zudem räumliche Tiefe empfunden,

Das Hinwenden zur Schallquelle zeigt jetzt an,
dass die Motorik nun simultan
mit der Sensorik wird fein abgestimmt,
was zunehmend an Bedeutung gewinnt.

Alles dies ist nur möglich in einem System,
das sehr sensibel ist und außerdem,
im Übermaß provisorisch angelegt,
das, wenn es durch sinnvolle Reize erregt,
funktionelle Verknüpfungen stabilisiert,
überflüssige, unbenutzte aber eliminiert.

Dies birgt auch Gefahr, z.B. fürs Hören,
falls extreme Lärmpegel
die Verknüpfungen stören,
oder wenn in der kritischen, sensiblen Epoche
Reize ausbleiben Woche für Woche,
kann dies zur Rückbildung
des Hörzentrums führen,
sodass Kinder fortan akustisch nichts spüren.

Auch das Sehen durchläuft jetzt eine kritische Zeit,
denn die Sehzentren sind erst allmählich soweit,
Farben, Formen und Bewegung zu analysieren,
um daraus ein Abbild
der Umwelt zu synthetisieren.

Bei angeborener dauerhafter Linsentrübung
kann es trotz intensiver optischer Übung
zu deutlichen Fehlanpassungen kommen,
mit dem Effekt, dass alles verschwommen.

Auch einseitige Fehlsichtigkeit kann
zu Problemen führen
und ist nur schwerlich zu korrigieren.

Am Ende des **dritten Monats** kommt wieder eine Zäsur,
die Sicht ist jetzt klar, doch zweieinhalb Meter weit nur,
Personen werden auf Fotos erkannt,
jetzt regt sich erster Sachverstand.

Laute wie „ba“ und „pa“ werden unterschieden,
unangenehme Reize zunehmend vermieden.

Doch auch noch später, **drei Monate danach**,
liegt ein großer Hirnbereich ungenutzt brach
und ermöglicht immer komplexeres Lernen,
z.B. wie sich Leute perspektivisch entfernen
oder Größenverhältnisse einzubeziehen,
sowie das Unterscheiden von Kategorien.

Mit **6 Monaten** greift das Kind recht zielgerichtet
nach Dingen, die es nur kurz hat gesichtet.
Mehr noch, ertastet es einen Ring mit der Hand,
wird dieser später allein optisch erkannt.

Jetzt heißt es „Greifen und Begreifen“
wobei wieder unzählige Synapsen reifen.

Beim Krabbeln und Robben wird es noch besser gehen,
Voraussetzung ist gutes räumliches Sehen.

Mit **8-12 Monaten** wird unterschieden
zwischen Namen und Gesichtern,
bösen und lieben.

„Joint Attention“ markiert den Beginn
des „Kulturellen Lernens“ mit dem tieferen Sinn,
die Welt mit menschlichen Augen zu sehen,
und vielleicht auch unsere Evolution zu verstehen.

Sprechen lernen, Symbole interpretieren,
ohne das wird man im Leben verlieren.

Für **eineinhalb Jährige** aber ist das keine Frage:
„Ich versteh` ja schon viel,
auch wenn ich`s nicht sage“.

Läuft die Sprechmotorik erst richtig an,
kommen 20 Worte pro Woche hinzu und fortan
wird manch neuer Denkprozess artikuliert
und durch Hinterfragungen diskutiert.

Bevor es alle merken,
ist das eigene „Ich“ längst erkannt
und ein Schirm zum Selbstschutz aufgespannt.

Auch **in den folgenden zwei Jahren**
wird das Gehirn viele Eindrücke bewahren,
durch intensives Lernen, assoziatives Begreifen
in großem Tempo weiter reifen,
indem es neue Fortsätze myelinisiert
synaptisch verknüpft und durch Gebrauch fixiert.

Mit etwa **drei Jahren** ist die Grundstruktur perfekt,
mal sehen, was an Potenzen noch in ihr steckt.

Wurde bisher noch kein
Langzeitgedächtnis konsolidiert,
wird im Hippocampus und in der Amygdala
zunehmend probiert,
Erlebtes abrufbar langfristig zu speichern
und den Reaktionsspielraum
dadurch anzureichern.

Emotionen, Angst, Freude, Stimmungen
zu spüren,
versucht die Amygdala selbst auszuprobieren.

Alles gelingt noch nicht gut mit diesen Kernen
allein,denn der präfrontale Cortex
ist noch immer „offline“.

Zum Ausgleich mancher Gedächtnispanne
verlängert die Formatio reticularis die
Aufmerksamkeitsspanne.

Spätestens mit **vier Jahren** ist es dann soweit,
das Gehirn ist für die Langzeitspeicherung bereit.

Kreativität hat es langst geschafft
Passivität zu besiegen,
allerdings beginnt jetzt auch
das Täuschen und Lügen.

Erforschen und Probieren,
jedes Kind will verstehen
und wartet nun auf mit seinen eig´nen Ideen.

Gene und Umwelt haben bisher das ihre getan,
damit der junge Mensch mit vollem Elan
erwartungsvoll in die Schulzeit eintaucht.
Er hat jetzt alles, was ein „Rohling" braucht,
Kapazität, Energie, Neugier und Lust
- inklusive bisweilen auch ziemlichen Frust -,
um zu erfahren, zu trainieren, sich zu formen,
Werte zu erkennen und soziale Normen,
um kompetent und voller Vertrauen
selbstbewusst an seiner Zukunft zu bauen.

So nähert sich die **Teenagerzeit**,
das Gehirn voll aktiv und allzeit bereit.

Jetzt wird auch der „Balken" myelinisiert,
was zur besseren Abstimmung
der Hemisphären führt.
Die Signalverarbeitung
erfolgt mit immer höherer Frequenz,
all das führt zur Steigerung der Intelligenz.

Allerdings muss die Großhirnrinde
noch weiter reifen,
um Sinnfälligkeit und Konsequenzen
vorab zu begreifen.

Ihre Kontrollsignale kommen oft noch zu spät,
ein Grund für
zu rasches Entscheiden und Impulsivität.

Dies verstärkt sich noch als, wie aus einer Drohne,
es plötzlich regnet Sexualhormone.

Im präfrontalen Cortex
kommt es dadurch bald schon
zu einer erheblichen Neuorganisation.

Viele Verknüpfungen werden wieder gelöst,
und die Nervenendigungen somit entblößt,
frische Kontakte werden gesucht und gefunden,
der Neocortex mit Basalganglien und Amygdala
partiell neu verbunden.

Die Reorganisation, hormonell induziert,
wird von den Genen gesteuert
und nervös moduliert.

Während dieser Prozess seine Zeit dauert,
so manche psychische Gefährdung lauert.

Erst wenn die Großhirnrinde voll integriert,
dies zur Stabilisierung
von Emotionen und Gefühlen führt.

Obwohl **nach der Pubertät**
der Mensch nun gereift,
sein Gehirn erst ab jetzt allmählich begreift,
dass die Welt weit komplexer ist
als bisher erfahren,
deshalb ist angesagt in den kommenden Jahren,
sich theoretisch und praktisch zu qualifizieren,
um im Konkurrenzkampf nicht zu verlieren.

Schließlich entspricht das der Motivation,
die unser Überleben gesichert
im Lauf der Evolution.

Mit Neugier und Ausdauer kann es gelingen,
das Gehirn noch weiter voran zu bringen
und Konzentration, Urteilskraft, Intellekt zu steigern
ohne sich der Gefühlswelt zu verweigern.

Dabei hilft, dass die Emotionen
nun nicht mehr ausschließlich
im Mandelkern wohnen.
Nachdem sie von weiteren Arealen kontrolliert,
werden sie erst im frontalen Neocortex
ins Bewusstsein geführt.

Dieser ist inzwischen unüberschaubar vernetzt,
50 Milliarden Nervenzellen übernehmen ab jetzt
die Kontrolle über alles, was wir tun oder lassen,
ob wir fürsorglich lieben oder todbringend hassen.
Er ist der Sitz unserer Persönlichkeit,
die uns erhalten bleibt hoffentlich lange Zeit.

Dass unser Gehirn so fantastisch funktioniert,
was uns als „Krone der Schöpfung“ privilegiert,
betrachten viele als übersinnlichen Lohn,
ist aber wohl eher reine Evolution.

Mit **25 Jahren** ist der Leistungsgipfel erklommen
und unweigerlich die Zeit nun gekommen,
Fähigkeiten und Erfahrung richtig anzuwenden,
ohne Toleranz, Empathie,
Menschlichkeit auszublenden.

Kopf und Verstand, Bauch und Gefühl
geben uns Halt und Orientierung
im „Lebensgewühl"

Unser Gehirn macht noch lange mit,
indem es uns rät:

„Sei geistig und körperlich aktiv,
es ist niemals zu spät
zu erkennen, zu lernen, zu begreifen, zu erspüren,
man muss mich auch im **hohen Alter**
nur richtig provozieren".

Vielleicht führen dann noch einmal
frische geistige Wehen

zur spontanen Geburt grandioser **Ideen** .

Liebe Eltern

Habt Ihr begriffen, was geschehen?
Könnt Ihr das Glück schon recht verstehen?
Ich glaub, Ihr braucht noch eine Weile,
zu sehr verstrickt sind alle Seile,
die Hoffnung, Schmerz, Angst, Dank und Freude
zu einem riesigen Gebäude
wie des Weinstocks feste Ranken
als verwobenen Gedanken
zu einem Blätterwald verdichten,
und vor dem Horizont errichten,
um das Licht der warmen Sonne
aufzunehmen und mit Wonne
zu Milch und Honig zu vergären,
und die zarte Frucht zu nähren,
wobei der stärkste ihrer Triebe
sucht nach Geborgenheit und Liebe,
um statt einsam und allein
immer ganz dicht bei Euch zu sein.

Sei herzlich willkommen

Lange Zeit warst Du verborgen
im Schutze Deiner Mutter Sorgen.
Man wusste zwar, dass es Dich gibt,
hat Dich von Anfang an geliebt,
jetzt aber, da Du wirklich da,
wird wieder einmal offenbar,
wie einzigartig doch das Leben,
durch unsere Eltern uns gegeben,
wie unwahrscheinlich heut und hier
es ist, dass ausgerechnet wir
auf einem kleinen blauen Ball
im unendlich großen Weltenall
individuell, doch nie allein
die Chance erhielten, Mensch zu sein.

Genesis

Myriaden Partikel schwirren im All.
Sie entstanden nach einem gewaltigen Knall,
als –sozusagen- das Nichts explodierte
und unendlich viele Quarks kreierte.
Als dann Kernteilchen begannen sich zu paaren
zu Wasserstoff, dem atomaren,
gab dieser geschmückt mit einem Elektron
der Startschuss zu unserer Evolution.

Alsbald, so quasi ganz von allein,
entstand eine Ursuppe würzig und fein,
die mit Blitzen kräftig aufgeheizt
unter Hochdruck ward dermaßen gereizt,
dass Schwefel, Phosphor, Sauer-, Wasser- und Kohlenstoff
vergaßen ihren alten Zoff,
vor Angst bemühten sich zu finden,
um sich organisch zu verbinden.

Mit Aminosäuren und Purinen,
Zuckern, Lipiden und Pyrimidinen
war es danach sonnenklar,
ab morgen gibt es Eiweiß und RNA.

Vor UV-Strahlen schützte Stratosphären-Ozon,
am Meeresgrund
schwamm ein erster Mikrosphären-Klon,
bis schließlich mit himmlischem Trompeten-Trara
eine erste Zelle sich teilte, Hurra!

Nachdem dies erstmal etabliert,
evoluierte das Leben, zwar kompliziert,
doch rasend schnell und kreativ,
wobei nicht alles glatt verlief,
zu einer unendlosen Fülle von Lebensformen,
wobei eine – wir Menschen –
erfanden die Normen,
das Leben nach Regeln zu organisieren,
Dinge als gut oder schlecht zu typisieren,
uns mit Technik und Wohlstand zu umgeben,
kurz – in künstlicher Homöostase zu leben.

Doch eines wird der Mensch
– Gott sei Dank –
nie erreichen,
den Naturgesetzen
auch nur einen Millimeter auszuweichen.

Gut so, denn ohne diese
würde es menschliches Leben
in dieser Form überhaupt gar nicht geben.
Wie sonst kann das unbegreiflich Wunderbare
immer wieder geschehen,
dass neues Leben entsteht
und begleitet von Wehen
zum Sonnenlicht strebt mit unbändiger Macht
und ein Feuer der Liebe und Fürsorge entfacht.

Bethlehem

Es brennt ein Licht in jedem Stall,
denn Bethlehem ist überall,
wo als größtes Wunder dieser Erden
aus Liebe neue Menschen werden,
welche aus dunkler weiter Ferne
plötzlich leuchten wie die Sterne.

Alle schauen sie staunend an,
wenn gebrochen ist der Bann
des Hoffens und der Zuversicht,
bis das bedrohte kleine Licht
in Liebe geborgen , fürsorglich geführt
seinen Weg durch die Welt sicher erspürt.

Wattenmeer

Wenn ein Schwabe prahlt mit seinem Teich,
geht der Ostfriese mit ihm auf den Deich.

Hast du das Studieren satt,
gehe öfter mal ins Watt.

Gießt man Seife in das Siel,
schäumt es im Priel.

Ob groß, ob klein, ob arm, ob reich,
mit Schlick bedeckt sind alle gleich.

Wenn Garnelen erleiden den heißen Tod,
tragen sie nicht schwarz, sondern rot.

Koste es, was es wolle,
an der Nordsee isst man Scholle.

Wer den Deich nicht überwindet,
niemals den Weg zum Meere findet.

Auch wenn man weiß, es gibt den Queller,
wird man davon im Kopf nicht heller.

Wer den Schlick gefühlt und geschmeckt
hat den Ursprung des Lebens quasi entdeckt.

Es gibt Tiere ohne Seele
wie zweifelsohne die Garnele.

Wie kommt es, dass immer bei Nipptide
mein Schatz ist so gnadenlos frigide?

Es tut doch immer wieder gut,
wenn nach der Ebbe kommt die Flut.

Zwei Seemeilen östlich von Spiekeroog
ein Seehund sich eine Erkältung zuzog.
Er heulte drei Tage in einem erbärmlichen Ton
seitdem lebt er zufrieden in der Seehundstation.

Eine **Würmin**, die schon lang Mätress,
verschickte eine SMS
an alle Würmer weit und breit,
sie sei von nun an nicht mehr bereit,
sich downloaden zu lassen aus dem Internet
sondern bestehe auf einem Daunenbett,
in das jeder Wurm mit Ambitionen
zu deponieren habe eine Millionen.

Ein **Seehund** voller Tatendrang
lag angespannt auf seiner Bank
die runden Augen, soweit es geht
in Richtung Nachbarin verdreht,
macht jedes Mal nur die Erfahrung,
heut wird's wieder nichts mit Paarung.
Stattdessen wird er nur verbissen
und fühlt sich rundherum beschissen.

Ein **Wattwurm** hässlich, alt und fett
kaufte sich im Internet
ein Weibchen aus Malaysia.
Bei der ersten Begegnung im Watt
machte sie ihn platt.

Als Friedrich der Große kam auf die Idee,
auch Ostfriesen müssen in die Armee,
beschloss der Häuptlinge Clan:
Wir ändern ab sofort den Speiseplan.
Alle Jungs, so lautete das Diktat,
essen statt roter Beete nur **Meersalat.**
Als dann die Musterung drohte,
sortierte man grüne und rote,
die roten mussten marschieren,
die grünen durften pausieren,
wodurch wieder mal bewiesen,
wie clever manchmal die Ostfriesen.
Sie speichern einfach Chlorophyll
und tarnen sich als grüner Müll,
der für die Politik ein Randproblem
und damit für alle nur angenehm.

Bledius wurde er genannt
war angesehn und wattbekannt
bis eines Tags Laufkäfer aus Hessen
als Touristen kamen
und wollten ihn fressen.

Da versammelten sich immer
zwischen den Tiden
alle Carolinensieler Blediiden
und ersannen eine Strategie,
um zu vernichten das feindliche Vieh.
Sie gruben Gänge durch den Deich
weit verzweigt und kurvenreich,
und verknüpfen so das Süßwassersiel
mit der salzigen Brühe im Priel.

Der Plan schien allen supergenial
jetzt fehlte nur noch ein Signal,
die Hessen in die Gänge locken,
was nur ging, wenn dieselben trocken.
Sie verwendeten dafür Puppenattrappen,
chemisch trapiert als getränkte Lappen,

und stopften diese in die Gänge
auf 7 Kilometern Länge
zwischen Harle- und Neuharlingersiel
auf der Linie NN nahe dem Priel.

Dann krabbelten alle auf ein Windrad im Groden,
da die Aussicht von dort viel besser als am Boden,
um anzusehen, wie die Käfer aus Hessen
chemo-vernebelt, instinktiv besessen
bei Ebbe in die Gänge krochen,
denn schließlich hatten sie Puppen gerochen.

Tatsächlich erreichten sie auch ihr Ziel,
die süße Belohnung weit draußen am Priel.
Sie berauschten sich tierisch, vergaßen die Zeit,
der Weg zurück unendlich weit.

So kam es, wie vorauszusehen,
beim Heimweg hatten sie ein Problem.
Sie rannten immer wilder in den Gängen umher,
und fanden den Ausgang zum Deich nicht mehr.
Nach einer Weile verließ sie der Mut,
den Rest der Tragödie besorgte die Flut.

Die Blediiden frohlockten indessen
jetzt konnten sie mal ihre Prädatoren fressen.
Drei Tage dauerte der Leichenschmaus,
dann begab sich ein jeder in sein Haus.

Seitdem lebten die Bledis in Ruhe und Frieden,
denn sie wurden von Laufkäfern fortan gemieden.

und die Moral von der Geschicht?

Auch wenn einer Bledius heißt,
das noch lange nicht beweist,
dass er für eine gefräßige Meute
eine leichte und wehrlose Beute.

Ein **sibirischer roter Milan**
aus einem alten russischen Clan
flog unbemerkt von Ornithologen
mehr zufällig einen europäischen Bogen
von Petersburg über Cuxhaven nach Rom
und übernachtete auf dem Petersdom.
Am anderen Morgen saß neben ihm
ein schwarzer Brudervogel namens Ismaim.
Der bot sich an, mit ihm sein Lager zu teilen,
denn dann könne er ja in Rom
noch ein bisschen verweilen,
aber dazu hatte unser Held keine Lust,
natürlich erzeugte dies bei Ismaim Frust.

und die Moral von der Geschicht ?

Schließlich muss ein sibirischer roter Milan
nicht Glückseligkeit stiften im Vatikan.